CON GRIN SU CONOCIMIENTOS VALEN MAS

- Publicamos su trabajo académico, tesis y tesina

- Su propio eBook y libro - en todos los comercios importantes del mundo

- Cada venta le sale rentable

Ahora suba en www.GRIN.com
y publique gratis

Bibliographic information published by the German National Library:

The German National Library lists this publication in the National Bibliography; detailed bibliographic data are available on the Internet at http://dnb.dnb.de .

Imprint:

Copyright © 2015 GRIN Verlag, Open Publishing GmbH
Print and binding: Books on Demand GmbH, Norderstedt Germany
ISBN: 978-3-668-13284-9

This book at GRIN:

http://www.grin.com/es/e-book/314540/el-proceso-de-gamificacion-en-el-aula-las-matematicas-en-educacion-infantil

Ana Isabel Jiménez Torres, Desiré García Lázaro

El proceso de gamificación en el aula: Las matemáticas en educación infantil

GRIN Publishing

Ana Isabel Jiménez Torres

Desiré García Lázaro

El proceso de gamificación en el aula:

Las matemáticas en Educación Infantil

Madrid, 2015

En la Educación de los Niños

lo único importante

es encontrar el juguete que llevan dentro.

Gabriel García Márquez

Índice

Índice

Índice de Figuras

Índice de Tablas

Introducción

Introducción

El desarrollo de las tecnologías durante los últimos años ha propiciado un gran cambio en la sociedad, que no se está viendo reflejado de igual manera en el ámbito educativo. El método tradicional de enseñanza ya no sirve para unos alumnos "nativos digitales" y el aprendizaje está descontextualizado con el momento actual. Por ello, el principal objetivo de esta investigación es conocer el uso de técnicas de juego como estrategia de enseñanza, utilizando la gamificación como una herramienta para aumentar la motivación e implicación del alumnado, y relacionar los conocimientos adquiridos en la escuela con su entorno social. Para ello, se ha realizado un estudio en profundidad del proceso de gamificación y se ha diseñado una propuesta metodológica basada en la introducción de mecánicas de juego en el proceso de enseñanza-aprendizaje de matemáticas en educación infantil. Este diseño se ha desarrollado para una clase de 20 alumnos 5 años de un colegio situado al sur de la Comunidad de Madrid, en la localidad de Arroyomolinos, teniendo en cuenta su desarrollo cognitivo, sus conocimientos previos, sus deseos e intereses y las herramientas de juegos más adaptadas para trabajar con ellos. El proyecto se puso en práctica como programa piloto y los resultados fueron positivos frente al uso del método tradicional de enseñanza. Aumentó la motivación del alumnado y mejoró la adquisición de la competencia lógico-matemática, siendo capaces de aplicar los conocimientos adquiridos a cualquier otro contexto.

I. La Gamificación

I. La Gamificación

Tradicionalmente el juego se ha considerado como la forma natural de aprendizaje en la infancia que pierde importancia a medida que el niño crece.

En la sociedad actual, en la que las nuevas tecnologías se han desarrollado de manera exponencial, han aparecido los videojuego como forma de juego para niños, jóvenes y adultos, resultando ser beneficiosos para la motivación, el desarrollo cognitivo, la agilidad mental, la creatividad y las relaciones sociales según muestran algunos estudios (Long, 1984; Greenfield, 1994)

Jane McGonigal (2013), plantea por qué no llevar los procesos de los videojuegos a otras áreas, con el fin de aprovechar todos esos beneficios. Y precisamente en eso consiste la *gamificación*: en la aplicación de mecánicas de juego en contextos no lúdicos, para conseguir una serie de comportamientos, utilizando la motivación, la concentración, el esfuerzo o la fidelización (*engagement*).

I. 1. GAMIFICACIÓN, LUDIFICACIÓN O JUGUETIZACIÓN.

Ludificación, juguetización y *gamificación* son traducciones al español del vocablo inglés *gamification*. Todas ellas hacen referencia a un mismo concepto: "la aplicación de estrategias (pensamientos y mecánicas) de juegos en contextos ajenos a los juegos, con el fin de que las personas adopten ciertos comportamientos" (Ramírez, 2014).

Si se profundiza en el significado etimológico, ludificación proviene del latín *ludus*, que significa juego, y juguetización del latín *iocäri*, que significa hacer algo con alegría y con el único fin de entretenerse o divertirse. Ambos términos están compuestos además por los sufijos *ficar-* y *-ción*, que sirven para formar verbos o sustantivos verbales que significan hacer, convertir o producir e indican acción y efecto.

Gamificación es el anglicismo de *gamification*, que proviene de *game* (juego) y significa mucho más que jugar o realizar alguna acción con el único fin de entretenerse. A pesar de que ninguno de los tres términos aparece en el diccionario de la lengua española, en el presente trabajo se utilizará este último por ser el más usado en a nivel internacional.

La idea de *gamificación* no es algo nuevo, pero el término como tal nació en el año 2008 en el mundo anglófono y se popularizó en la segunda mitad del 2010. En 2011 la consultora Gartner lo incluyó en su Ciclo de Sobreexpectación, un estudio que representa la relevancia de las tecnologías emergentes (Gartner, 2011). En este año, el término aparece por primera vez al comienzo de la fase de pico máximo de expectación, manteniéndose prácticamente sin cambios en el año 2012. Es en 2013 cuando alcanza el punto más alto de expectación, pasando en 2014 al llamado abismo de la desilusión, en la que el interés disminuye y hace falta mejorar el producto para que, previsiblemente, pase a la siguiente fase, la rampa de consolidación (ver Figura 1).

La tendencia, según el grupo Gartner, es que en el presente 2015, el 50% de las empresas que gestionan procesos de investigación, utilicen la *gamificación*.

Figura 1. *Ciclo de Sobreexpectación*

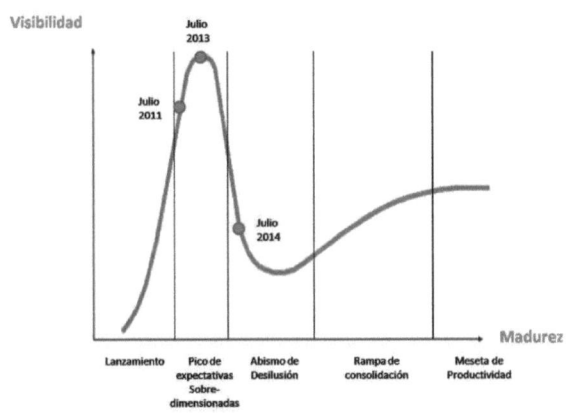

Fuente: Adaptado de Gartner (2011, 2012)

Dado que la *gamificación* se utiliza en ámbitos muy diferentes como salud, medio ambiente, empresa, marketing, educación, etc., el número de definiciones y enfoques que se le da es muy variado.

La consultora Gartner en su glosario web la define como "el uso de mecánicas de juego para impulsar la participación en escenarios de no-juego, y cambiar comportamientos en un público, con el objetivo de lograr resultados de negocio".

Una visión más amplia es la de Marín e Hierro (2013), que la identifican como "una estrategia, un método y una técnica a la vez. Parten del conocimiento de los elementos que hacen atractivos a los juegos e identifica, dentro de una actividad, tarea o mensaje determinado, en un entorno de no-juego, aquellos aspectos susceptibles de ser convertidos en juego o en dinámicas lúdicas. Todo ello para conseguir una vinculación especial con los usuarios, incentivar un cambio de comportamiento o transmitir un mensaje o contenido. Es decir, creando siempre una experiencia significativa y motivadora".

En el presente trabajo, se relaciona la *gamificación* con el proceso de enseñanza y aprendizaje, por lo que la definición que se considera más apropiada es la que desarrolla Kapp (2012), quien la define como "el uso de las bases del juego, las mecánicas, la estética, y el pensamiento de juego para involucrar a las personas, motivarlas a actuar y favorecer el aprendizaje y la resolución de problemas".

11

Con bases del juego se refiere a las reglas, la interacción, la realimentación y el resultado cuantificable. Elementos que se usan para obtener una reacción emocional y conseguir que los usuarios se involucren en un reto abstracto.

Las mecánicas, que más tarde se desarrollarán en profundidad, incluyen puntos, niveles, medallas, sistemas de puntuación, marcadores o limitación de tiempo. Por sí solas son insuficientes, pero son muy importantes. También lo es la estética, el uso de un diseño atractivo a la vista del usuario, ya que marca, en parte, su predisposición para aceptar la *gamificación*.

El pensamiento de juego es el objetivo que se pretende conseguir, que el usuario se involucre en la actividad como si fuese un juego. La idea es pensar en una actividad diaria, como tirar la basura, y convertirla en una actividad que tenga elementos de competición, cooperación, exploración y un argumento narrativo.

Cuando en la definición se habla de involucrar, se refiere a ganarse la atención de las personas y hacer que se enganchen al proceso que se ha creado. Estas pueden ser estudiantes, consumidores o jugadores y son los individuos a los que se tiene que motivar para que actúen. Este es el factor clave y el centro de la *gamificación*: conseguir que actúen, convertir la participación en acción.

A pesar de haber desarrollado en profundidad el concepto de *gamificación*, es importante diferenciarla de algunos términos muy de moda sobre todo en entornos publicitarios, y que no tienen nada que ver con ella.

Gamificación no es crear un videojuego para publicitar una marca (*advergaming*), no es insertar un producto, marca o mensaje dentro de la narrativa de un programa (*product placement*), no es introducir anuncios en videojuegos (*advertainment*), ni tampoco premiar o dar determinadas ventajas a los usuarios para fidelizarlos.

I.1.1. Elementos del juego

Muchos de los elementos que se usan en los juegos tienen una base psicológica y la *gamificación* ofrece una nueva forma de ponerlos todos juntos de forma coordinada en un espacio de juego que motive, lleve a actuar y enseñe.

Elementos como puntos, medallas, niveles, estética, motivación, competición o cooperación, forman parte de las MDA del juego (*mechanics*, *dinamics* y a*esthetics*), es decir, del conjunto de herramientas mecánicas, dinámicas y emocionales utilizadas para desarrollar y analizar juegos o proyectos (Ramírez, 2014) y que son la base de la *gamificación*. Pero el juego no es todos estos elementos juntos, sino la forma en la que éstos se entrelazan para conseguir una acción determinada mientras que el jugador se divierte.

I.1.1.a. Mecánicas del juego

Las mecánicas son las estrategias a realizar. Ramírez (2014) las clasifica en básicas y accesorias. Las básicas, también conocidas como PBL (*points*, *badges*, *leaderboards*), son los puntos, las medallas y las clasificaciones. Dentro de las accesorias estarían los niveles, los bienes virtuales, los desafíos o retos, las misiones, los premios, los regalos, las recompensas, la *customización*o los cuadros de mando.

Los puntos son un valor cuantitativo que se asocia a una acción. Existen distintos tipos de puntos: de experiencia, intercambiables, de habilidad, de karma, de reputación, etc.

Las medallas son una acreditación física o virtual de que se ha alcanzado un objetivo. También se pueden llamar *badges,* insignias o premios. Es recomendable que tengan un diseño atractivo, un nombre sonoro y que sorprendan.

Las clasificaciones son las posiciones que se asignan según la puntuación en comparación al resto de personas y tienen que reflejar los puntos obtenidos.

Los niveles son los umbrales que se cumplen acumulando puntos y que indican la progresión en el juego. Es importante tener en cuenta la duración y la dificultad de cada nivel, así como el salto de dificultad de un nivel al siguiente.

Los bienes virtuales son artículos no reales que sirven para expresar la individualidad e identidad y que pueden ofrecer unas ventajas determinadas. Algunos ejemplos son: segundas vidas, espadas con poderes especiales, elementos para escalar posiciones en la clasificación, etc.

Los desafíos o retos son competiciones entre las comunidades o entre distintos rivales. Se utilizan como factor sorpresa para evitar la monotonía pasado un tiempo. Un ejemplo es hacer un concurso para ver quién encuentra el tesoro en un tiempo dado.

Las misiones son actividades concretas que plantea el juego. Son más habituales que los desafíos, y consisten en pruebas que se deben ir superando para completar los niveles.

Los premios, regalos y recompensas (reales o virtuales), son bienes gratuitos que se dan al usuario por realizar determinadas acciones en momentos. En ocasiones se necesitan recompensas reales, como descuentos, bonos o regalos tangibles.

La personalización o individualización del proyecto *gamificado* es, por ejemplo, la creación de avatares, personajes que el usuario elige y diseña él mismo. La elección de cualquier otro elemento estético como el color o la posición de algún elemento del proyecto, también formaría parte de esta mecánica.

Por último, los cuadros de mando son un elemento visual, donde el usuario puede administrar su juego, controlar el nivel en el que está, comprar objetos, intercambiar monedas o puntos ganados, etc. El objetivo es que el usuario tenga sensación de control.

Ramírez (2012) recomienda una estrategia sencilla a la hora de realizar un proyecto *gamificado,* y no utilizar todas las mecánicas existentes, sino combinar mecánicas conocidas, para que el proyecto sea apto para todo tipo de usuarios, con otras originales y diferentes, para que sea especial.

I.1.1.b. Dinámicas de juego

Las dinámicas de juego son la forma en que los jugadores o usuarios interactúan con el juego, es decir, cómo se comporta el juego o proyecto, qué provoca en los usuarios y qué necesidades satisface. En definitiva: los deseos humanos, lo que le gusta a la gente o lo que la gente espera al interactuar en el juego.

Se utilizan muchas dinámicas en los juegos. Algunas de las más usuales son las recompensas, el estatus, el liderazgo, el logro, la autoexpresión, la competición o el altruismo.

Las recompensas son la consecución de un beneficio a cambio de una acción; el estatus, la adquisición de reconocimiento y prestigio pasando una serie de obstáculos y puntuaciones; el liderazgo consiste en ser una referencia en una materia determinada; el logro es la superación de las misiones satisfactoriamente; la expresión o autoexpresión es la creación de identidad propia y diferenciación de los demás; la competición es la comparación con el rival y el altruismo consiste en procurar el bien ajeno sin esperar nada a cambio.

Las dinámicas son deseos humanos, y para conseguirlos se utilizan una serie de herramientas. En el caso de los juegos o proyectos *gamificados,* se pueden obtener utilizando unas determinadas mecánicas. En la siguiente tabla se refleja qué deseos humanos satisfacen principalmente determinado tipo de mecánicas. Por ejemplo, para alcanzar *estatus* se suelen utilizar los niveles, para obtener auto-expresión se usan bienes virtuales (medallas o artículos muy individualizados), para satisfacer el deseo de competición se utilizan las clasificaciones, etc. (ver Figura 2).

Figura 2. Deseos humanos que satisfacen determinados tipos de mecánicas de juego.

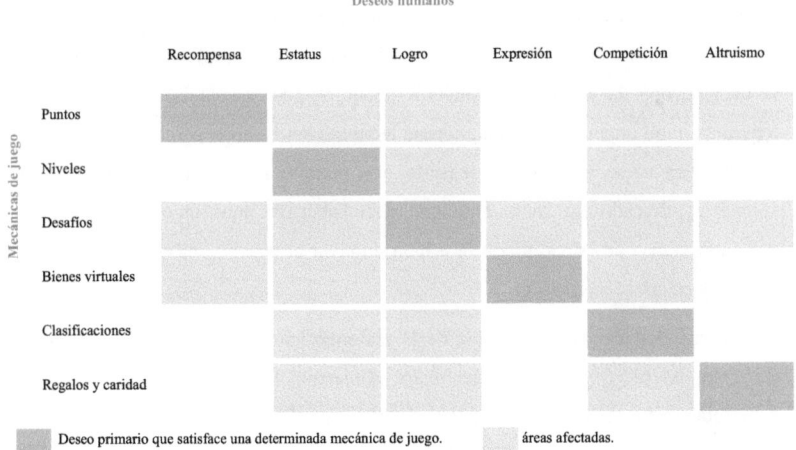

Fuente: Adaptado de Álvarez, M.P. et al., 2012.

I.1.1.c. Estéticas y otros elementos.

Las mecánicas y dinámicas son muy importantes para saber qué elementos se deben utilizar dependiendo de lo que se quiera conseguir en el usuario, pero también hay que tener en cuenta otros factores más relacionados con la parte estética que percibe el usuario, y con aspectos de pensamiento de juego (Kapp, 2012).

En primer lugar los objetivos, es decir, la finalidad de una acción. Es uno de los primeros elementos a determinar. Debe haber una serie de pequeños objetivos que hay que superar para alcanzar la meta final y no deben ser ni demasiado fáciles ni muy difíciles con el fin de mantener el interés.

También es importante la estética del proyecto, la parte artística y los elementos visuales, pues ayudan a llamar la atención y despertar el interés para comenzar a participar en la actividad. La narración de la historia forma parte de esta estética: el desarrollo de los acontecimientos, el argumento, la historia de fondo en la que se basan las acciones a realizar, etc. Da significado, ofrece un contexto, guía la acción y debe tener personajes, trama, nudo y desenlace.

Todo esto debe desarrollarse desde una abstracción de la realidad, porque los juegos son precisamente eso, una representación del mundo real simplificado, lo que facilita la comprensión de conceptos e incita a tomar riesgos que en la vida real no se tomarían. Y no importa si se falla, porque la repetición en el juego permite el error y lo considera como una opción más, lo que permite mejorar hasta conseguir el aprendizaje deseado. En cuanto al tiempo, debe haber una duración determinada para aumentar la tasa de estrés, forzar la acción, motivar al usuario, hacerle trabajar bajo presión y priorizar actividades.

Por último, destacar la importancia de la realimentación (*feedback*) para la mejora constante del juego y para conocer mejor al usuario. Este manifiesta una serie de comportamientos y emociones al actuar y parte de esta información se debe introducir de nuevo en el juego para modificarlo en base a ella. Debe ser constante, ya que los comportamientos obtenidos con el cambio, serán diferentes a los primeros.

Estas emociones, son una parte de la pirámide de necesidades de Maslow. Este autor formula en su teoría una serie de necesidades humanas y defiende que, a medida que se satisfacen las más básicas (parte inferior de la pirámide) los seres humanos desarrollan necesidades más elevadas (parte superior de la pirámide). Es por ello que, cuando se plantea realizar un proyecto *gamificado*, debe recordarse lo que le gusta a la gente y por qué juegan, qué necesidades se cubren con el proyecto y cuáles nos gustaría cubrir. A través del presente proyecto, se tratará de cubrir las necesidades de afiliación, reconocimiento y autorrealización (ver Figura 3).

Figura 3. Pirámide de Necesidades de Maslow.

Fuente: Ramírez, J.L., 2014.

I.1.2. ¿Por qué jugamos?

I.1.2.a. Fundamentos psicológicos

La acción de jugar comienza en la infancia, y se produce con mayor frecuencia en un período en el que va aumentando el conocimiento de sí mismo, del entorno físico y social y de los sistemas de comunicación, por lo que es de esperar que se halle relacionado con estas áreas del desarrollo (Garvey, 1985). Pero ¿por qué jugamos?

Son muchas y diferentes las teorías que dan respuesta a esta pregunta. Para Karl Groos el juego en la infancia es una preparación instintiva para las actividades propias de la edad adulta; G. Stanley Hall en su teoría de la recapitulación lo define como un reflejo del curso de la evolución; y Herbert Spencer, en su teoría de la energía excedente, como un modo de consumir la energía excesiva que se acumula cuando no existen necesidades urgentes de supervivencia (citados por Garvey, 1985).

En cualquier caso, el juego no es algo que se dé únicamente en la infancia y, en definitiva, es un modo de actuar. Cuando el ser humano está jugando, está realizando una acción y a lo largo de la historia se ha estudiado mucho sobre los fundamentos psicológicos que llevan al ser humano a actuar de determinada manera.

La teoría del condicionamiento operante de Skinner, se basa en el uso de refuerzos externos y de intervalos de tiempo para modificar comportamientos. Este psicólogo estadounidense realizó numerosos estudios con animales, en los que se entregaba un refuerzo externo siempre que estos realizaban cualquier acción, sólo con algunas acciones, con un número dado de acciones o transcurrido un tiempo determinado desde el último refuerzo (Biehler y Snowman, 1986). Los resultados mostraron que lo que mueve a la acción son las motivaciones extrínsecas y que los cambios de comportamiento son más efectivos cuando el refuerzo externo se da en un periodo de tiempo variable, ya que esto mantiene más enganchado a la acción.

Si el condicionamiento operante utiliza la motivación extrínseca, la teoría de la autodeterminación se basa en la intrínseca. Asume que el ser humano es activo, con tendencia natural hacia el crecimiento y desarrollo sociológico, y con unas necesidades básicas de autonomía, competencia y pertenencia que satisfacer. Autonomía para tener las cosas bajo control y poder determinar el resultado de las acciones; competencia como necesidad de un desafío y sentimiento de poder dominarlo y pertenencia para conectar con otras personas, sentirse parte de la sociedad y compartir los logros (Kapp, 2012). Estas tres necesidades se deben tener en cuenta a la hora de elegir las mecánicas y dinámicas ya que, según algunos estudios, existen evidencias de que "el tirón psicológico de los juegos es debido en gran parte a su capacidad de generar sentimientos de autonomía, competencia y pertenencia" (Ryan et al., 2006).

En la teoría de las metas, el comportamiento se intenta explicar con una combinación de motivaciones intrínsecas y extrínsecas, asumiendo como principio que los seres humanos actúan siguiendo determinados objetivos. En los años 70 las metas comenzaron a clasificarse en tipos (para dominar nuevas tareas, centradas en el yo, o para evitar algo por miedo al fracaso) basándose en motivaciones tanto intrínsecas como extrínsecas. Actualmente se plantean patrones de metas multifacéticos, ya que en la mayoría de situaciones se sigue una combinación de metas para llegar a un propósito final. Según Locke (1991), las más efectivas son aquellas que tienen carácter específico, dificultad asumible y se plantean a corto plazo.

Tomando como referencia estas teorías, la pirámide de necesidades de Maslow, la teoría social cognitiva de Bandura y diferentes modelos coste-beneficio, entre otros, Fogg ha realizado un modelo de comportamiento muy aceptado en el mundo de la *gamificación*. Se trata de un sistema de tres elementos que según él tienen que existir para que se dé la acción: los factores desencadenantes o *tiggers*, que son acciones que inician el comportamiento deseado; la habilidad o capacidad necesaria para llevar a cabo la actividad propuesta y la motivación o predisposición a participar en la actividad voluntariamente. Este modelo hace hincapié en que las actividades deben ser simples para aumentar la motivación del usuario (aunque no demasiado fáciles), que se le debe ayudar al principio para que comience a realizarla (a través de los factores desencadenantes) y que los tres elementos anteriores deben estar en equilibrio para que el comportamiento del usuario se produzca de la forma deseada.

Resumiendo todas estas teorías, se podría decir que el ser humano juega o actúa movido por motivaciones intrínsecas y extrínsecas, que éstas satisfacen una serie de necesidades humanas relacionadas tanto con la realización personal como con su desarrollo como ser social, que los factores desencadenantes son fundamentales para comenzar la acción y que la actividad o juego que se presentan deben ser acordes con las capacidades y habilidades personales. Jugamos para satisfacer necesidades, pero no todos tenemos ni las mismas necesidades ni las mismas capacidades.

I.1.2.b. Teoría del flujo (flow)

Para el psicólogo estadounidense Mihály Csíkszentmjhályi (1975) el estado ideal de juego es lo que él llama *flow*. En su teoría del flujo describe este *flow* como un estado mental de operación en el que una persona está completamente inmersa y centrada en lo que está haciendo (ver Figura 4). Es el estado ideal entre el aburrimiento y la ansiedad o la frustración. Es lo que ocurre cuando una persona está totalmente concentrada jugando a un videojuego o leyendo un libro y no se da cuenta de nada de lo que pasa a su alrededor, pudiendo estar así durante mucho tiempo.

Figura 4. *Flow*, el estado entre el aburrimiento y la ansiedad.

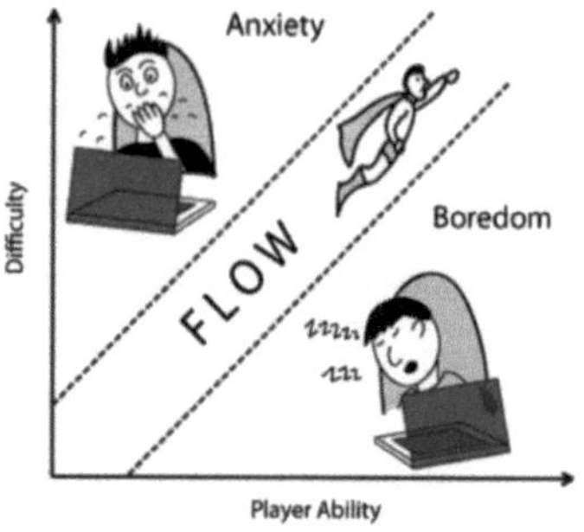

Fuente: Kapp, K.M., (2012).

Csíkszentmjhályi indica ocho componentes para que sea posible alcanzar ese estado de flujo: una tarea alcanzable, metas claras, concentración, realimentación, participación sin esfuerzo, control, pérdida de autoconciencia y pérdida del sentido del tiempo.

La tarea tiene que ser alcanzable para que la persona que está realizando la actividad, piense que puede lograr hacerla con un poco de esfuerzo. Si es demasiado fácil, la persona se aburre y no entra en estado de flujo. Si es muy difícil, se frustra y lo deja.

Las metas deben ser claras y estar diseñadas para que el usuario las perciba con acilidad y sienta que los objetivos son alcanzables.

Para entrar en el llamado estado de flujo, es necesario concentrarse física y ntalmente en la realización de la tarea. Así, las distracciones externas desaparecen y las acciones y los pensamientos de la persona trabajan juntos para llevarla a cabo.

En cuanto al *feedback* o realimentación, el usuario necesita recibir información para saber cuáles son sus logros y derrotas y a la vez debe proporcionarla para mejorar las estrategias del juego.

Debido al alto nivel de concentración, la realimentación y la habilidad de la persona para alcanzar el objetivo, esta percibe su participación como fácil aunque realmente no lo sea.

El sexto elemento es la paradoja del control. Aunque la persona conozca de antemano que no tiene el control directo sobre la actividad, debe sentir que todo está bajo control y creer que sus actos tienen un resultado inmediato y útil.

En este estado de flujo, la pérdida de la autoconciencia y la pérdida del sentido del tiempo van ligadas. Se está tan absorto en la actividad, que la única cosa en que se piensa es en ella, todo lo demás desaparece. El tiempo no importa y unas horas se pueden percibir como pocos minutos.

Esta teoría se debe tener en cuenta en la *gamificación* si se quiere que el usuario disfrute y permanezca absorto en la actividad. Debe haber un equilibrio entre los objetivos que se plantean en el proyecto, las destrezas del usuario al que va destinado y su nivel de habilidad.

I.1.3. Juego, videojuego e internet

Según Salen y Zimmerman (citados por Kapp, 2012), "un juego es un sistema en el que los jugadores se involucran en un reto abstracto, definido por reglas, del que se obtiene un resultado cuantificable". La clave en esta definición es que esté definido por reglas, ya que la diferencia entre jugar (*play*) y juego (*game*), radica precisamente ahí, en añadir reglas explícitas. No es lo mismo que un niño juegue a darle patadas al balón, que varios niños que trabajan juntos para conseguir meter el balón en la portería y ganar un punto.

Existen diferentes tipos de juegos creados para satisfacer distintas necesidades humanas. Si a la definición de juego le añadimos la intención educativa, aparece el concepto juego serio. Para Michael y Chen (2006), "el juego serio es un juego en el que la educación es el objetivo principal, antes que el entretenimiento". Bergeron (2006) los define como "juegos que no solamente entretienen, sino que intencionalmente entregan un mensaje subyacente". Y para Kapp (2012) un juego serio es "una experiencia diseñada usando mecánicas y pensamiento de juego, para educar personas en un área específica". Por tanto, lo que diferencia a los juegos serios

21

es que se crean específicamente con la intención de enseñar algo, de educar. Juego serio no es lo mismo que *gamificación*, sino que es una parte de ésta, una herramienta que se puede utilizar dentro de este proceso, pero no es estrictamente necesaria para llevarlo a cabo (ver Figura 5).

Figura 5. Diagrama de diferenciación de juegos, juegos serios y gamificación.

Fuente: Adaptado de Wu (2011).

Los videojuegos son otro tipo de juegos, estos en formato electrónico, que pueden ser serios o no y que son una herramienta para la *gamificación*. Comenzaron a aparecer en los años 70 y han evolucionado de manera exponencial debido al desarrollo de las nuevas tecnologías. Al principio eran una actividad de ocio menor dirigida principalmente a niños, quedando fuera niñas y adultos. Actualmente están superando a otras actividades de ocio como el cine o la música, y también ha ido aumentando el público, ampliándose la edad y el género del mismo, así como los formatos, ya que hoy en día existen videojuegos para ordenadores, videoconsolas, teléfonos móviles, *tablets*, etc. (Selva, 2009).

El auge de los videojuegos hace que se utilicen no solo para la mera diversión, también para la publicidad, el marketing o la educación. La forma en la que los videojuegos mantienen motivados y enganchados a los jugadores, y su crecimiento durante los últimos años ligado con las nuevas tecnologías e internet, ha hecho que sean el foco de atención a la hora de desarrollar procesos de *gamificación*.

Internet juega también un factor clave. Algunos estudios muestran que entre las actividades más frecuentes de los usuarios en internet, destaca la creciente importancia del uso de los juegos en red para los usuarios, en especial para los jóvenes. Según la consultora de medios Nielsen, jugar en las redes sociales es la segunda actividad *online* más popular en los Estados Unidos. Datos ofrecidos por AllFacebook señalan que el 50% de los usuarios que entran en Facebook, lo hacen para jugar y el promedio de tiempo que invierten es de siete horas al mes.

Esta relevancia cada vez mayor del uso de juegos en internet, sus beneficios para la destreza manual, la coordinación visio-motora y la aceleración de las vías neuronales, así como para aspectos psico-sociales (confianza, motivación, relaciones sociales, etc.), es lo que ha motivado que las nuevas tecnologías, internet, los videojuegos y sus elementos, se hayan extrapolado a otros campos con el fin de obtener mejores resultados.

I.1.4. Gamificar

I.1.4.a. Pirámide de Werbach

Para realizar un buen proceso gamificado, es conveniente seguir una serie de pasos. Werbach, propone en su pirámide una secuenciación de acciones: definir los objetivos, determinar las conductas deseadas para conseguir los objetivos, describir a los jugadores, diseñar bucles de actividad, no olvidar la diversión y utilizar las herramientas adecuadas.

Lo primero de todo es definir los objetivos. No se refiere a PBL (premios, medallas y tablas de clasificación) sino sus objetivos últimos. Hay que hacer una lista y un *ranking* con posibles objetivos y compensaciones, diferenciar medios de fines (ej. las medallas no son un fin, sino un medio) y justificar los objetivos restantes. Cada objetivo general puede llevar varios objetivos específicos, aunque no se recomienda que sean más de tres.

El paso número dos es determinar las conductas deseadas, las cosas específicas que se desea que hagan los usuarios para conseguir los objetivos. Por ejemplo, si un objetivo es que los usuarios de una web se mantengan más tiempo en ella, una posible conducta sería leer el contenido e investigarlo. En este apartado hay que preguntarse también cómo se puede conseguir esta conducta, qué sistemas de recompensas (status, poder, acceso o bienes materiales) y sistema reputación se van a utilizar.

23

En tercer lugar, hay que definir a las personas a las que va dirigido el proyecto, los jugadores o usuarios. Se deben tener en cuenta variables demográficas, psicológicas y saber qué tienen en común con el proyecto. En definitiva, conocer cómo son. Una vez realizada la clasificación de usuarios, hay que identificar qué elementos del juego (mecánicas/dinámicas) se van a utilizar con cada grupo.

Una vez conocidos los jugadores y los elementos a utilizar, hay que plantearse los ciclos teniendo en cuenta el *feedback*, la motivación que les incita a seguir actuando y el recorrido que deben seguir (*feedback*, motivación y acción). No se debe perder de vista la teoría del flujo de Mihály Csíkszentmjhályi para conseguir la experiencia óptima de disfrute del jugador, y las escaleras de progresión (*progression stairs*), que tienen en cuenta la duración y dificultad de los diferentes niveles para que el juego no sea lineal. El juego debe tener un final, y plantear una serie de pequeños desafíos que formen parte de un desafío más grande. Hay que hacer una representación del viaje del jugador con acción creciente y decreciente y con variedad de experiencias, para que no sea monótono y lineal.

Por último, no se debe olvidar la diversión y hay que saber con qué herramientas se va a contar (mecánicas, dinámicas y estéticas) para hacer una programación a medida, aunque también se pueden usar plataformas ajenas al diseño propio.

I.1.4.b. Tipos de jugadores

"Para establecer una buena estrategia de *gamificación* es importante, además de saber por qué juega la gente y conocer los tipos de jugadores para los que se va a desarrollar el juego" (Ramírez, 2014), o en su caso, el proyecto *gamificado*.

Se puede hacer una clasificación de los jugadores según diferentes criterios. Si se utiliza el grado de habilidad o la destreza con el juego, los jugadores se pueden agrupar en tres niveles: novato, intermedio o avanzado. Esta sería una clasificación básica, pero pueden añadirse tantos niveles como se necesiten.

Existen otras clasificaciones más complejas que identifican a los jugadores según su motivación, sus gustos o su forma de relacionarse. Las teorías de Bartle, Amy Jo Kim y Marczewsky, son tres ejemplos de ello.

Bartle (1996) hace una clasificación de los jugadores según la personalidad y los comportamientos que muestran en los juegos MUD *(Multi User Dungeons)*, videojuegos de rol en línea, resultando cuatro tipos diferentes. Los triunfadores o *achiever,* son aquellos que quieren ser los primeros rápidamente, tienen un comportamiento más individual y les gusta saber en qué nivel están. Los exploradores o *explorer* quieren descubrir y aprender cualquier cosa nueva o desconocida del sistema. Los sociables o *socializer* sienten atracción por los aspectos sociales más que por la estrategia y juegan para relacionarse con otros jugadores, compartir ideas y experiencias. Finalmente los ambiciosos o *killers*son los que quieren llegar a las primeras posiciones y, además, que otros pierdan. Estos tipos los engloba según si prefieren relacionarse con otros (sociables y ambiciosos) o hacerlo con el sistema (exploradores y triunfadores), y si prefieren actuar directamente sobre algún elemento (ambiciosos y triunfadores) o utilizar dinámicas de interacción mutua (sociables y exploradores).

Según Ramírez (2014), los exploradores son alrededor del 50% de todos los jugadores, los triunfadores el 40%, los sociales el 80% y los ambiciosos el 20% del total. La suma del porcentaje total no es del 100% porque un mismo jugador puede ser a la vez de varios tipos, por lo que los datos se ofrecen en términos relativos, no absolutos. Se podría decir que el 80% de la gente que juega lo hace para relacionarse, el 50% por diversión o para explorar nuevos juegos, el 40 % porque necesita ganar y el 20% porque necesita ganar y ver cómo pierden los demás.

La clasificación de Barlte presenta ciertas limitaciones por estar basada sólo en juegos de rol en línea (MUD) y no se puede extrapolar a otro tipo de juegos, por lo que surgen nuevas teorías.

La de Amy Jo Kim, se basa en la teoría de Bartle, pero la modifica, porque entiende que no se puede emplear si se quiere trabajar con juegos serios y sistemas *gamificados.* Esta investigadora social y diseñadora de juegos americana clasifica a los jugadores utilizando lo que ella llama verbos de fidelización social, definiendo a cada jugador por lo que le gusta hacer. En primer lugar, a los que les gusta competir *(compete),* utilizando la idea de competencia como juego social y como superación personal. A los que les gusta colaborar *(collaborate),* que disfrutan ganando juntos y formando parte de algo más grande que ellos mismos. A los que les gusta explorar (*explore*), que disfrutan inspeccionando contenido, personas, herramientas o mundos, y están motivados por la información y el acceso al conocimiento. Y por último, a los que les gusta expresar (*express*), que disfrutan pudiendo mostrar su creatividad y manifestar lo que son.

La teoría de Marczewski es la más amplia de las tres y hace una primera diferenciación según la predisposición inicial de los usuarios a jugar o no. En el primer grupo estarían los jugadores (*players*), que son aquellos a los que les motivan las recompensas y harían lo que fuese para conseguirlas. En el segundo grupo estarían los socializadores (*socialiser*), motivados por las relaciones y con ganas de interactuar con los demás y crear conexiones sociales; los de espíritu libre (*free spiri*), a los que les motiva la autonomía, quieren crear y explorar; los triunfadores (*achiever*), que están motivados por adquirir gran destreza en algo, buscan aprender cosas nuevas para mejorar y necesitan retos que superar; los filántropos (*philantropist*), aquellos que están motivados por conseguir un propósito que tenga significado para ellos, son altruistas y están dispuestos a ayudar a otras personas en sus tareas sin esperar nada a cambio y los perturbadores (*disruptors*), a los que les motiva el cambio y, en general, quieren interrumpir su sistema de forma directa, o indirectamente a través de otros usuarios, para forzar el cambio positivo o negativo.

Estos son tres ejemplos de clasificación de jugadores, pero a pesar de que cada autor hace una clasificación justificada dependiendo de las características de los usuarios, no hay ningún modelo definitivo, por lo que se puede ajustar uno existente para aplicarlo a cada público. Dependiendo de las motivaciones, modos de actuar o la forma de relacionarse de los jugadores, son más adecuados unos elementos de juego u otros. En el Anexo I se adjuntan ocho tablas con elementos de los juegos generales, de horario y específicos que pueden usarse para cada jugador según la clasificación de Marczowsky (ver Anexo I, Tablas de la 10 a la 18).

II. Gamificación en Educación

II. 1. GAMIFICACIÓN EN EL AULA

Motivación y cambio de actitud son dos palabras clave en gamificación, y precisamente eso es lo que se quiere conseguir aplicándola en el proceso de enseñanza-aprendizaje en la escuela.

El objetivo es conducir a los alumnos para que aprendan a aprender por sí mismos, se enganchen al aprendizaje como lo hacen con un videojuego y lo hagan por la propia satisfacción de hacerlo y no por el regalo que recibirán si sacan buenas notas o el castigo si son malas.

Todo esto se puede conseguir y son muchos los beneficios que aporta a los alumnos, pero se debe conocer en profundidad tanto el proceso de gamificación como las características de los alumnos con los que se va a trabajar. Por ello, en este capítulo destaca la influencia de la gamificación en el aprendizaje del niño.

II.1.1. Aprendizaje y formación con gamificación

II.1.1.a. Por qué gamificar la educación

La diseñadora de juegos y escritora estadounidense Jane McGonigal defiende el uso de la tecnología móvil y digital para fomentar actitudes positivas y colaboración en el mundo real. Compara los juegos con la vida real y destaca que estos tienen una serie de características que hacen que el usuario sienta que no hay nada que no puede hacer: confianza, posibilidades, colaboración y *feedback* positivo. En los juegos siempre hay algún personaje dispuesto a confiar en el usuario y darle una misión importante acorde con sus posibilidades, hay muchos personajes dispuestos a colaborar y mientras se está jugando se recibe un *feedback* positivo constante. Además, si se falla en el primer intento no pasa nada, hay más oportunidades para conseguirlo y esto ayuda a mejorar.

En el sistema educativo actual y en la vida real, la situación es bien diferente a la de los videojuegos. Normalmente no se encomiendan misiones importantes hasta que no se acerca la etapa adulta, muchas veces estas no están acorde con las posibilidades del estudiante, entendiendo estas como aptitudes, actitudes, intereses y relación de las actividades con la vida real del estudiante, no se recibe un *feedback* positivo constante y los trabajos a realizar suelen ser más individuales, aunque de vez en cuando se realicen trabajos en grupo. En cuanto al error, se considera algo negativo en lugar de una oportunidad para mejorar y un ejemplo de ello son los exámenes.

Debido a esta diferencia entre el mundo virtual y el real, a los beneficios que puede aportar el uso de elementos de los juegos, a la diferencia entre el contexto escolar y social del niño y a la importancia de la etapa de educación infantil para combatir el abandono escolar y disminuir el fracaso escolar, en el presente trabajo se plantea la *gamificación* como una posibilidad para alcanzar el aprendizaje y el progreso lógico-matemático del alumno de educación infantil.

La primera pregunta que se plantea es: ¿se puede *gamificar* el proceso de enseñanza-aprendizaje? Según Cook (2013), se puede *gamificar* cualquier proceso en el que la actividad pueda ser aprendida, las acciones del usuario puedan ser medidas y la realimentación pueda ser entregada de forma oportuna al usuario.

El siguiente paso es determinar las razones por la que usar la *gamificación* para la educación. No hay que usarla sólo porque esté de moda y sea divertido o porque se piense que a todo el mundo le gustan los juegos, que cualquiera es capaz de hacer un proyecto *gamificado*, o que se obtiene aprendizaje sin esfuerzo. Todas estas son justificaciones erróneas. Pero existen muchas buenas razones para crear una experiencia de aprendizaje *gamificada*. Con ella se puede crear un aprendizaje interactivo, superar la desmotivación de los alumnos, dar oportunidades para la reflexión, favorecer un cambio de comportamiento positivo o proporcionar un medio con características similares al real en el que practicar habilidades, actitudes, etc.

II.1.1.b. Cómo gamificar en educación

Según Kapp et al. (2012), se debe pasar por cuatro fases para *gamificar* un proceso educativo: a) responder a las preguntas base, b) responder a las preguntas de práctica, c) diseñar el sistema de valoración y clasificación y d) jugar al juego. Estas cuatro fases se especifican a continuación.

Las preguntas base hacen referencia a cinco aspectos. En primer lugar, el problema: saber cuál es la necesidad educacional y valorar por qué introducir *gamificación*. Después hay que identificar qué no están haciendo los estudiantes que sí se quiere que hagan, es decir, comparar el comportamiento actual frente al esperado. Ligado a esto hay que definir cuál es el resultado esperado y cuál el objetivo instruccional (qué conocimientos, habilidades y comportamientos necesitan aprender los estudiantes para conseguir el éxito). El último aspecto es la evaluación, los comportamientos o acciones que muestran que están aprendiendo (responder preguntas correctamente, aplicar contenidos, arrastrar cosas al lugar correcto, etc.).

En cuanto a las preguntas de práctica, hay que describir el perfil de los estudiantes, la logística y cuestiones técnicas. Se debe conocer quiénes son y cuál es su nivel de habilidad (conocimiento de la materia, nivel de lectura, tiempo que llevan en el colegio, nivel de familiarización con las nuevas tecnologías, etc.). La logística se refiere al lugar, el momento y el tiempo invertido. Las cuestiones técnicas están relacionadas con las cosas que se necesitan, como clave de acceso, conexión a internet, ordenador portátil, *tablet,* si hay que descargarse algo, necesidad de algún programa específico, qué hacer en caso de duda, etc.

Para elaborar el sistema de valoración y clasificación hay que establecer unos criterios de medida en cuanto a tiempo, exactitud, corrección o conocimiento. También es necesario saber qué elementos mueven al jugador a través del juego o proyecto, es decir, los puntos o medallas, pero también resolver un puzle o un misterio. El sistema de puntos y clasificación es un aspecto importante, la base logística del sistema y tiene que definir qué ocurre en diferentes escenarios (si no se contesta a una pregunta, si se pasan todas las fases, si es muy malo en una materia, etc.). Las actividades del proyecto, la valoración y la clasificación o resultado final, deben ir unidos.

Por último hay que saber qué acciones van a realizar los jugadores cuando interactúen con el juego (distribuir recursos, construir, coleccionar, discriminar, explorar, resolver problemas, correr, *role playing*, utilizar estrategias, etc.), y cuál es el estado de ganador, perdedor y cuántas oportunidades tiene. Se debe establecer cada cuánto tiempo comienza una nueva clasificación.

Además de pasar estas cuatro fases para desarrollar el proyecto, también es conveniente no perder de vista la realimentación o *feedback*, las creaciones, los retos o desafíos y el contexto o narración de la historia.

En cuanto al *feedback*, hay que definir el momento en el que se va a dar, para lo que hay que valorar si el usuario es nuevo o experto, si se quiere un cambio de comportamiento inmediato o futuro, o si se prefiere trabajar la autocorrección. En general, para usuarios inexpertos y para niños, es mejor que sea cercano a la acción. También hay que elegir el estilo del *feedback*, que puede ser positivo (qué se está haciendo bien y porqué), negativo (qué no se está haciendo bien y cómo se puede cambiar la estrategia) o neutro (si sólo da información), así como si se entregará en formato visual, con sonido, con tacto o con movimiento.

Se entiende por creaciones todo aquello que se elabora para una simulación o juego y que no existe en la realidad. Mecánicas de juego como poder reducir la velocidad de los demás para sacarles ventaja, empezar desde un punto intermedio en lugar de desde el principio si pierdes todas las vidas en un juego o los niveles, son ejemplos de creaciones. También se pueden utilizar metáforas, para facilitar una mejor información, por ejemplo, enseñar como un lisosoma limpia la célula creando mecánicas similares al juego Pac-Man. Las leyes y las reglas marcarán límites a los usuarios. Ambas cosas son diferentes: ley es algo que no depende del jugador y no se puede romper (ej. ley de la gravedad); una regla es algo que sí depende del jugador y que se puede romper, aunque te penalice (ej. velocidad). Se debe decidir qué es importante para el aprendizaje y añadir reglas basadas en eso. Por ejemplo, si la velocidad es importante, se puede añadir tiempo; si importa completar todo, añadir un sistema de seguimiento de progreso; o si se quiere inculcar un sentimiento de crecimiento y mejora en los usuarios, añadir niveles y puntos de experiencia.

Si el proyecto se basa en la teoría del flujo de Mihály Csíkszentmihályi, hay que conseguir que los estudiantes no se aburran pero tampoco se estresen. Esto se logra planteando objetivos de dificultad creciente, racionando la información secuenciando la importante, disminuyendo la ayuda progresivamente para favorecer la autosuficiencia y modificando las reglas para que se tenga que modificar la estrategia y salir de la zona de confort.

Todos los aspectos desarrollados en este punto tienen un telón de fondo: la historia. La creación de un mundo similar a la vida real pero que no es real, pone a los participantes en situación. Hay que crear una historia centrada en el reto final, exagerarla, conseguir que toque el corazón, mostrarla de forma explícita e implícita cuidando todos los detalles, conseguir que los participantes tengan sensación de control sobre ella, hacer que las acciones tengan consecuencias y proporcionar varios caminos para crear sensación de que cualquier cosa puede suceder.

II.1.2. Gamificación en educación infantil

II.1.2.a. Público

A la hora de realizar un proyecto *gamificado*, es fundamental tener claro a quién va dirigido. En el presente trabajo se realiza una aplicación práctica de *gamificación* en educación infantil, concretamente en el último ciclo de la etapa, por lo que es necesario conocer las características de los niños de esta edad, así como su relación con el juego, dado que el proyecto se basa en el uso de elementos de los juegos.

Existen teorías clásicas que definen el juego infantil como una actividad para gastar la energía que le sobra al niño, para desarrollar habilidades heredadas de la vida de los antepasados, o como una preparación para la vida adulta. Teorías más actuales como las de Freud, Buytendjik, Claparede, Piaget o Vygotsky y Elkonin, ven el juego en la infancia como un medio para satisfacer las necesidades, para expresar las características de la infancia, para interactuar con otras personas en un mundo de ficción, para reflejar y crear nuevas estructuras cognitivas y para satisfacer deseos mediante una actividad social.

De todos estos autores, el más famoso por sus aportes al estudio de la infancia y por su teoría constructivista del desarrollo de la inteligencia es Jean Piaget. Para él, el juego es un reflejo de las estructuras cognitivas que tiene el niño y un medio para el establecimiento de otras nuevas a través de la actividad sensomotriz y la interrelación con el medio. Afirma que existen diferentes tipos de juegos que aparecen cronológicamente según la evolución del niño:

a) en la etapa sensomotriz, desde el nacimiento hasta los 2 años, aparece el juego funcional y de ejercicio;

b) en la etapa preoperacional, de 2 a 6 años, predomina el juego simbólico;

c) en la de las operaciones concretas, entre 6 y 12 años, aparece el juego con reglas y

d) en la etapa de las operaciones abstractas, de 12 años en adelante, aparece el racionamiento lógico.

Hay que tener en cuenta que puede variar la edad de inicio de una nueva etapa, pero siempre se dan en el mismo orden. Además, cuando comienza un nuevo tipo de juego, el anterior no desaparece, sino que se va mejorando.

También es importante en este autor su teoría constructivista del aprendizaje, en la que define dos procesos que se dan en la evolución y adaptación del niño: la asimilación y la acomodación. La primera se refiere a la interiorización de un objeto o evento en la estructura de comportamiento y cognitiva preestablecida del niño. La segunda es la modificación de estas estructuras cognitivas preestablecidas, para incorporar los nuevos conceptos. En este punto entra en juego Vygotsky y lo que él define como zona de desarrollo próximo, es decir, la distancia entre el nivel de desarrollo efectivo del alumno, aquello que es capaz de hacer por sí solo, y el nivel de desarrollo potencial, lo que sería capaz de hacer con la ayuda de un adulto o compañero más eficaz, y que se puede relacionar con la teoría del flujo de Csíkszentmjhályi.

Por tanto, a la hora de realizar este proyecto *gamificado* dirigido a niños de 5-6 años, hay que tener en cuenta que se encuentran en la etapa preoperacional, en la que predomina el juego simbólico, por lo que la creación y narración de la historia, así como la caracterización de los personajes (con disfraces, avatares, etc.), son dos buenas herramientas a utilizar.

No hay que olvidar que siguen desarrollando la etapa sensomotriz, por lo que hay que continuar perfeccionando el juego funcional y de ejercicio. Además, el aprendizaje activo es más efectivo que el pasivo.

Según el autor Cody Blair (citado por Prieto, 2012), sólo se recuerda un 5% de lo que se escucha, un 10% de lo que se lee, un 75% de lo que se hace y un 90% de lo que uno mismo enseña a otras personas. A la edad de 5-6 años, el mejor tipo de actividades son aquellas relacionadas con las funciones de pedir, mandar, cooperar, preguntar y explicar, con juegos creativos (Monfort y Juárez, 2010).

En cuanto a la temática, hay que saber cuáles son sus deseos y necesidades, pues actuando de forma social en una situación fingida como es el juego o actividad *gamificada*, serán capaces de satisfacerlos, a veces incluso más sencillo que en la realidad. Superada la etapa de aprender a hablar, viene la de aprender a imaginar, por lo que a los niños de 5 años les encantan las historias de hadas o personajes fantásticos, con argumentos sencillos, una trama lógica, un buen final y elementos repetitivos. Hacia los 6 años, comienzan a gustarles más las aventuras, los héroes y los personajes humanos. Se debe conocer también su contexto social, económico, etc., pues de él dependerán, en parte sus necesidades y deseos.

A la hora de fijarse en las actividades y conceptos que se van a introducir o las habilidades que se pretenden desarrollar, hay que conocer de dónde se parte (características generales del grupo e individuales de cada alumno). De esta forma se podrá relacionar el conocimiento nuevo con el que ya se tenía y saber hasta dónde puede llegar cada uno para situarlo en su zona de desarrollo próximo y en un estado de flujo.

II.1.2.b. Las recompensas. Clasificaciones.

Lo que se pretende con la introducción de la *gamificación* en la educación infantil fomentar determinadas actitudes en los niños y que realicen las tareas motivados. Desde las teorías psicológicas del condicionamiento operante se ha demostrado que es más fácil que se repitan actuaciones que tienen consecuencias positivas, que aquellas que tienen consecuencias negativas.

Las recompensas, las felicitaciones o las clasificaciones, son consecuencias que tienen las acciones en un proceso *gamificado*. Esto se viene haciendo en educación infantil desde hace tiempo, pero de lo que se trata ahora es de integrar todos los aspectos de la *gamificación*, no sirve sólo con dar premios o animar para seguir haciéndolo.

Una vez aclarado esto, hay que decir que para los niños son muy importantes este tipo de recompensas, pero hay que tener cuidado con ellas. Si se dan sólo recompensas materiales, el niño acaba actuando únicamente para conseguir ese bien material y si se dan sólo recompensas virtuales, quizás pierda el interés por la actividad, ya que los bienes virtuales por sí solos no son suficientes (Bassedas et al., 2006).

Aparte de las recompensas (virtuales y materiales), las felicitaciones son un buen elemento para mantener el interés y la motivación del niño de 5-6 años. Un simple "¡bien hecho!", le animará a seguir con la actividad, le hará sentir especial. Estas felicitaciones también pueden ser virtuales (un sonido en la pantalla de un ordenador cuando se hace bien) o materiales, entendiendo estas últimas como las que se reciben de una persona. En el caso de las materiales o personales, pueden resultar más significativas para el niño por la vinculación emocional que tenga con la persona que se la da, ya sea su maestro, sus padres o un compañero.

Las tablas de clasificación son un elemento imprescindible en todo proyecto de *gamificación*. Con ellas se aumenta la competitividad, algo muy habitual en la etapa infantil, y se motiva a los alumnos para que quieran estar los primeros en la lista. Si la tabla es larga, los primeros estarán motivados, y puede que los últimos puestos también por pretender llegar a los primeros puestos, pero es posible que los últimos se desanimen (Ramírez, 2014). Por tanto, se recomienda no hacer listas demasiado largas, e intentar que estén a la vista de los niños en todo momento y con un sistema claro y sencillo de puntuación (ver Figura 6).

Por último, se deben renovar cada poco tiempo, pues el sentido de temporalidad aún no está completamente desarrollado a esta edad y los niños pueden perder el interés. Una buena opción sería hacer clasificaciones diarias o clasificaciones semanales.

Figura 6. Ejemplo de tablas de clasificación adecuada (izquierda) y no adecuada (derecha) para niños de educación infantil.

Fuente: Elaboración propia

Cuando se trabaja con niños, cualquier premio, castigo, felicitación o recompensa, debe darse a continuación de la actuación que lo ha ocasionado, para que puedan establecer el sistema causa-efecto, ya que si se da demasiado tarde, el niño no asocia realmente por qué ha obtenido el premio o castigo. Es importante un diseño atractivo y que represente lo que significa, los castigos deben ser proporcionales a la edad y es bueno considerar el error o el fallo a la hora de asignar puntos. Un buen sistema sería dejar 3 oportunidades para posibilitar la mejora.

III. Las matemáticas en Educación Infantil: Análisis de un caso.

III. 1. LAS MATEMÁTICAS EN EDUCACIÓN INFANTIL.

Se ha desarrollado una experiencia de innovación educativa con la que se busca aplicar el proceso de *gamificación* en la enseñanza-aprendizaje de matemáticas en el último curso de educación infantil.

Esta propuesta educativa surge en el transcurso de la realización de la asignatura de prácticas externas de tercer y cuarto curso del Grado en Educación Infantil. La asignatura de ambos cursos se realizó de forma conjunta, con una duración total de 9 meses, en el Colegio Sol y Nieve de la localidad madrileña de Arroyomolinos.

Durante este periodo de trabajo con los alumnos del último curso de educación infantil, se pudo comprobar la necesidad de un cambio en el modelo pedagógico, ya que se apreció en los niños estaban especialmente desmotivados en el área lógico-matemática debido al modo en el que se impartían las clases.

Para la realización del proyecto *gamificado* se partió de los contenidos de la programación general del colegio, y se mantuvo también la distribución temporal (ver Anexo II, Figura 7).

Se hizo así con el fin de poder introducir este nuevo modelo pedagógico durante el segundo y tercer trimestre, ya que el primero se utilizó para desarrollar la estrategia. De esta forma, se podrían comparar los resultados obtenidos durante el primer trimestre aplicando el método tradicional, con el segundo y tercero usando el proyecto *gamificado*.

Finalmente se llevó a la práctica como programa piloto a partir del segundo trimestre con la intención de comprobar su efectividad para utilizarlo para el desarrollo lógico-matemático en cursos posteriores.

En el primer trimestre se detectó la necesidad educativa, se hizo un estudio y clasificación de los alumnos y se determinaron los objetivos y comportamientos a alcanzar, así como las herramientas a utilizar en el proyecto. Se diseñó teniendo en cuenta todos estos aspectos y todo lo aprendido en el estudio de la *gamificación*, creando una experiencia que combinaba actividades virtuales y reales, acompañada de una historia y con una secuenciación de misiones que iban aumentando en dificultad y variando de duración. Finalmente se llevó a la práctica a partir del segundo trimestre, obteniendo buenos resultados en todos los alumnos, en los que se observó un aumento de la motivación y una mayor comprensión de conceptos lógico-matemáticos.

III.1.1. Antecedentes

Tras las primeras semanas con los alumnos, se detectó cierto desánimo a la hora de trabajar con ellos los conceptos matemáticos, manifestado en forma de caras de desgana y comentarios de desagrado cada vez que se iba a realizar alguna actividad relacionada con dichos contenidos. Para comprobarlo, en la semana 8 (del 28 al 31 de octubre), se llevó a cabo una votación a mano alzada en la que los alumnos debían asignar 3, 2 o 1 punto, de mayor a menor preferencia, a las siguientes asignaturas: lógico-matemáticos, lectoescritura y conocimiento del medio. Se dieron sólo estas opciones, ya que valorar gradualmente todos los contenidos desarrollados durante el curso, habría sido muy complicado para ellos, y estas tres áreas fueron las únicas en las que se apreció cierta desmotivación. Para corroborar que la fiabilidad de los votos y comprobar que habían entendido lo que se les preguntaba, se volvió a hacer una votación, más sencilla, en la que debían darle 1 punto a la opción que más les gustase de las tres citadas antes. Los resultados fueron: para la primera votación 31 votos para matemáticas y 44 para cada una de las otras dos (ver Tabla 1); para la segunda votación, 3 votos para matemáticas, 7 para lectoescritura y 9 para conocimiento del medio (ver Tabla 2). Por tanto, el 15% de los alumnos preferían matemáticas, frente al 35% y 45% de lectoescritura y conocimiento del medio.

Tabla 1. *Resultados de la valoración gradual de matemáticas, lectoescritura y conocimiento del medio.*

PUNTOS	MATEMÁTICAS	LECTOESCRITURA	CONOC. DEL MEDIO
3	Alumnos nº 1, 2 5 y 12	Alumnos nº 6, 10, 11, 13, 15, 18 y 20	Alumnos nº 3, 4, 7, 8, 9, 14, 16, 17 y 19
2	Alumnos nº 13, 17 y 20	Alumnos nº 3, 4, 5, 7, 8, 9, 12, 14, 16 y 19	Alumnos nº 1, 2, 6, 10, 11 y 15
1	Alumnos nº 3, 4, 6, 7, 8, 9, 10, 11, 14, 15, 16, 18 y 19	Alumnos nº 1, 2 y 17	Alumnos nº 18, 20, 13, 12 y 5
TOTAL PUNTOS	31	44	44

Fuente: Elaboración propia.

Tabla 2. Resultado de la elección entre matemáticas, lectoescritura y conocimiento del medio.

ALUMNOS	MATEMÁTICAS	LECTOESCRITURA	CONOC. DEL MEDIO
Alumno 1	1		
Alumno 2	1		
Alumno 3			1
Alumno 4			1
Alumno 5	1		
Alumno 6		1	
Alumno 7			1
Alumno 8			1
Alumna 9			1
Alumna 10		1	
Alumna 11		1	
Alumna 12	1		
Alumna 13		1	
Alumna 14			1
Alumna 15		1	
Alumna 16			1
Alumna 17			1
Alumna 18		1	
Alumna 19			1
Alumna 20		1	
TOTAL PUNTOS %	3 15%	7 35%	9 45%

Fuente: Elaboración propia.

Ante la pregunta de ¿por qué no les gustaba las matemáticas?, la mayoría respondieron porque eran difíciles o porque eran aburridas, pero cuando se hacían actividades dinámicas y prácticas con ellos relacionadas con el área lógico-matemática, respondían bien, se mostraban interesados en el tema, hacían preguntas y si fallaban lo repetían por iniciativa propia. En cambio, cuando se seguía el método tradicional de fichas y cuaderno de cuentas, la mayoría no mostraba ningún interés y cuando se intentaban aplicar los conceptos a otro ámbito diferente de la ficha, cometían muchos errores que indicaban que no habían sido asimilados, por lo que la hipótesis que se planteó fue que el problema podía estar en el método pedagógico. La *gamificación* se propuso como alternativa y se comenzó a trabajar en el proyecto.

III.1.2. Objetivo del proceso de gamificación

Los alumnos no entendían bien los contenidos matemáticos, tenían dificultades al aplicarlos y necesitaban mayor motivación. Por eso el objetivo general fue el desarrollo de la competencia lógico-matemática, entendiendo esta como la capacidad del niño de poner en práctica, en contextos y situaciones diferentes, tanto los conocimientos teóricos, como las habilidades o conocimientos prácticos, así como las actitudes.

Se definieron los objetivos específicos (ver Tabla 4) y transversales (ver Tabla 5), así como las acciones o comportamientos concretos que el alumno debía realizar (ver Tabla 6) para alcanzar el objetivo general. Todo ello utilizando como base el objetivo general y los contenidos planteados en la programación general del colegio para el segundo y tercer trimestre del curso (ver Tabla 3).

Tabla 3. Contenidos de la Programación General Anual del colegio Solynieve. Temática y puntos.

CONTENIDOS	TEMÁTICA	PUNTOS
C1. Serie numérica cardinal; C2: Serie numérica ordinal; C3: Relación cantidad-grafía; C4: Descomposición de cantidades; C5: Adición y C6: Resta.	Números	Azul
C7: Figuras geométricas planas; C8: Figuras geométricas con volumen: esfera, cubo, cilindro, cono y prisma.	Geometría	Rojo
C9: Entero, mitad, parte; C10: Instrumentos de medida; C11: Situación espacial: entre, delante.	Situación espacial y medidas	Verde

Fuente: Elaboración propia.

Tabla 4. Objetivos específicos.

OBJETIVOS ESPECÍFICOS
E1: Conocer, utilizar y escribir la serie numérica para contar elementos de su entorno, resolver sencillos problemas de sumas y restas relacionados con sus vivencias.
E2: Conocer y utilizar las nociones espaciales para situarse en el espacio.
E3: Realizar mediciones con diferentes instrumentos de medida.
E4: Utilizar los números ordinales en situaciones significativas como ordenar objetos u ordenarse entre ellos.
E5: Utilizar nociones espacio-temporales para describir hechos, acontecimientos y vivencias.
E6: Identificar figuras geométricas planas y con volumen en los objetos del entorno.
E7: Relacionar la cantidad con la grafía en situaciones cotidianas.
E8: Utilizar la descomposición de cantidades para realizar tareas de reparto en distintos contextos.

Fuente: Elaboración propia.

Tabla 5. Objetivos transversales

OBJETIVOS TRANSVERSALES
T1: Interpretar y completar información relacionada con distintos aspectos cercanos a su s intereses: juegos con números, figuras geométricas, etc.
T2: Utilizar el ordenador como instrumento para favorecer el acerca miento a las actividades numéricas.
T3: Tener deseo de conocer cosas nuevas: explorar, manipular, indagar, ser curiosos, observar y hacer preguntas.
T4: Iniciarse en actividades que requieran el ejercicio de la memoria, atención, expresión, comprensión, razonamiento y concentración.
T5: Dotar de los conocimientos y habilidades instrumentales que permitan a los niños se cada vez más autónomos.

Fuente: Elaboración propia

Tabla 6. Acciones/comportamientos a realizar por los alumnos.

ACCIONES/COMPORTAMIENTOS
C1: Responder preguntas.
C2: Aplicar contenidos.
C3: Arrastrar cosas al lugar correcto.
C4: Explorar un área.
C5: Identificar información.
C6: Aplicar valores.

Fuente: Elaboración propia.

Una vez detectado y analizado el problema y planteados los objetivos y acciones concretos que se querían alcanzar, se hizo una clasificación de los alumnos, se determinaron sus preferencias en cuanto a recompensas y se establecieron los ciclos de actividad.

III.1.3. Metodología

Se estudiaron los alumnos para conocer el perfil de cada uno de ellos y realizar una clasificación en tipos de jugadores. Se llevó a cabo mediante observación directa del modo de comportamiento de los alumnos en diferentes situaciones: actividades dirigidas en el colegio, juego libre, comportamiento con sus compañeros, etc.

La muestra total era de 20 alumnos de 5 años de edad, 8 chicos y 12 chicas. Utilizando como base la teoría de Bartle de clasificación de jugadores y con las anotaciones obtenidas mediante la observación directa, se obtuvo el siguiente resultado: 7 alumnos tipo triunfadores, 10 exploradores, 10 sociables y 4 ambiciosos. Esta suma es superior al número de alumnos, ya que algunos presentaban al mismo tiempo características de grupos diferentes. En cualquier caso, la finalidad principal no era saber el número de cada tipo de jugador, sino cuántos tipos diferentes había, para saber qué herramientas utilizar.

En el proceso de observación directa también se determinó la base de conocimientos de la que partían los alumnos. Todos alcanzaron las competencias que se requerían para el curso anterior (4 años), salvo uno que tenía ciertas dificultades por no tener adquirida aún la serie numérica cardinal y no identificar cantidad con grafía.

En cuanto al contexto, debido a la zona geográfica en la que estaba situado el colegio, su condición de privado y las fuentes de ingreso de los padres, se determinó un nivel económico medio-alto.

Para determinar las recompensas que se iban a utilizar, se partió de los tipos de jugadores que se tenían y de los elementos que mejor funcionan con cada uno de ellos (ver Anexo I. Tablas 10 a 18). Posteriormente se puso en común con los alumnos para ver qué tipo de recompensas preferían ellos. La preferencia de la mayoría fue premios y regalos físicos, medallas, puntos y tablas de clasificación. Se decidió que éstas serían las herramientas básicas que se usarían, aunque se complementaría el proyecto con otras, que se detallarán más adelante, con el fin de conseguir los comportamientos deseados y de ir aumentando la motivación intrínseca en lugar de la extrínseca.

Se establecieron puntos de colores según la temática de las pruebas a realizar. Puntos azules para temas relacionados con números, rojos para actividades relacionadas con geometría y verdes para situación espacial y medida. En la Tabla 11 de la página 31, se muestran los contenidos de cada uno de los temas y colores indicados.

La selección de premios y regalos físicos fue: chucherías, elementos para disfrazarse y medallas, que también se consideraron como premio físico en lugar de virtual para que fuese más visible para el alumno, ya que los ordenadores sólo se usaban un día a la semana. Las chucherías serían para el grupo ganador de la semana, las medallas se otorgarían en las misiones especiales individuales esporádicas (llevarán la foto o el nombre del jugador que la ha ganado) y los elementos para disfrazarse se podrían cambiar en cada grupo por determinado número de puntos al final de la semana, según una tabla de canje expuesta al inicio del proyecto (por ejemplo: capa de superhéroe = 10 puntos azules). En el día a día la motivación sería el ánimo del maestro, de los compañeros y el deseo de superar la siguiente misión para conseguir los puntos deseados.

En cuanto a las tablas de clasificación, se expondrá una tabla sencilla, grande y de diseño atractivo. Estará visible en la clase durante todo el curso y la clasificación se realizará por equipos. En ella se pegarán los puntos obtenidos en la superación de pruebas, así como las medallas de cada jugador. La clasificación se renovará cada semana. A continuación se muestra un ejemplo del modo en el que se estructuraría la tabla de clasificación (ver Tabla 7).

Tabla 7. Tabla de clasificación

CONTINENTE 1: OCEANÍA	PUNTOS	PUNTOS	PUNTOS	PUNTOS
EQUIPO	DÍA 1	DÍA 2	DÍA 3	DÍA 4
1°. Alumno 1, 2, 3, 4 y 5	○ ● ○			
2°. Alumno 6, 7, 8, 9 y 10	○ ●			
3°. Alumno 11, 12, 13, 14 y 15	○			
4°. Alumno 16, 17, 18, 19 y 20	○			
TOTAL PUNTOS SEMANA				

Fuente: Elaboración propia.

III.1.4. Fases de la aplicación del proceso de gamificación en el aula

Para resolver este apartado se planteó la siguiente pregunta: ¿cómo organizar la dinámica del juego para conseguir el objetivo principal y que los alumnos mantengan la motivación?

Teniendo en cuenta las características cognitivas, físicas y emocionales de los alumnos, sus deseos, sus preferencias de recompensas y la finalidad que se quería alcanzar, se diseñó un sistema de funcionamiento del juego sencillo y adecuado a los requerimientos anteriores.

Se diseñó un proyecto *gamificado* en el que toda la clase tenía que trabajar en conjunto y a la vez de forma individual. Se planteó el problema de que un grupo de personajes malvados había unido todos los continentes de la Tierra y entre todos debían separarla superando diferentes misiones en cada uno ellos. Cada continente se tardaría en conquistar un tiempo determinado, superando misiones de una temática determinada agrupando los contenidos lógico-matemáticos en números, geometría y situación espacial y medidas. La superación de la misión otorgaría un punto azul, rojo o verde respectivamente según la temática de la prueba.

Cada semana se comenzará con un continente (o trozo de continente) y se presentará a los alumnos una tarjeta con puntos de colores que posee el malvado Leviatán responsable de la unión de los continentes. El objetivo semanal es conseguir, por equipos, la misma combinación de puntos, tanto en número como en colores, que tiene el personaje maléfico.

La superación de la misión será suficiente para conseguir el punto (del color de la temática de la actividad) y no importa si se tarda más o menos en conseguirla. Tanto si la misión es grupal, como si es una actividad que realizan todos de forma individual, los puntos serán para todo el equipo.

Para evitar que los alumnos más rápidos se desanimen, se introducirán misiones especiales determinadas por el maestro, que otorgarán medallas individuales por ser el primero en conseguir algo, por ser el que menos errores cometa, etc.

El ganador de la semana será el equipo que antes consiga la combinación de Leviatán, y se llevará la bolsa de chucherías. Será una combinación de puntos lo suficientemente fácil para que no desesperen y lo suficientemente difícil para mantener la motivación, además de ir en dificultad creciente. En las fases finales se podría meter algún punto de color distinto a los básicos, que habría que ganar demostrando unas habilidades especiales, o en una misión especialmente difícil. En caso de no conseguir la combinación necesaria, se podrán canjear puntos de un color por puntos de otro. Cada punto que no se tenga y se quiera comprar valdrá cinco puntos del mismo color (de otro color diferente).

Si varios equipos consiguen la combinación a la vez, se repartirán el premio y el honor de la conquista del continente. Los equipos que no ganen, podrán canjear sus puntos por elementos de disfraz (serán sencillos para que los niños no los valoren más que a las chuches). El premio semanal de chucherías se podrá ir cambiando a lo largo del curso para que no resulte monótono, y se intentará hacer el cambio por elementos de motivación intrínseca.

También se llevará el control de los continentes que ha conquistado cada grupo de cara al final del proyecto. El o los equipos ganadores (en caso de igualar a puntos), se llevarán el honor de salvar el mundo, además de algún premio especial (como elegir el destino de alguna excursión, la temática de una fiesta final, una película para ver en el cine o salón de actos, etc.) que se mantendrá en suspense durante todo el curso.

La creación de la historia y la forma en que se narra son aspectos muy importantes en estas edades. Todavía les gustan los personajes fantásticos pero empiezan a sentir interés por personajes humanos. Además, les encanta sentirse los salvadores del mundo en una misión importante. Por todo ello se planteó la siguiente historia. "Un grupo de personajes dirigidos por el malvado Leviatán, han conquistado el mundo y el planeta, tal y como lo conocíamos, ha desaparecido. Todos los continentes se han unido y nuestra misión es ir recuperándolos uno por uno superando misiones con dificultad creciente en cada uno de ellos. Para llevarla a cabo, contaremos con un ayudante, Martinucho, que nos contará cosas de cada continente, nos explicará las pruebas y nos desvelará algún secreto".

Para llevar a cabo las misiones, se formarán 4 grupos de 5 miembros cada uno, seleccionados por el maestro para hacerlo lo más variado posible y no concentrar a los mejores en matemáticas en un mismo equipo. Para evitar un exceso de competitividad y fomentar el conocimiento entre todos, los grupos se irán modificando en cada continente.

En cuanto a la organización temporal cada trimestre cuenta con once semanas, de las que se utilizarán sólo nueve para el proyecto, dejando dos libres para imprevistos, días festivos, festivales del colegio, periodos de adaptación, etc. Cada continente tendrá asignada una o dos semanas y cada semana contará con 1 misión virtual, 3 misiones reales y 1 día de puesta en común y estrategia. De esta forma se completarán las 5 sesiones por semana que hay establecidas en el horario de clase (ver Anexo II. Figura 8). También habrá misiones especiales que se realizarán en el momento que el maestro lo estime oportuno con el fin de mantener la sorpresa, la tensión y la motivación de jugadores individuales. Las 3 últimas semanas, se utilizarán para que los alumnos realicen su propio escenario del juego, aplicando las competencias adquiridas. La organización se especifica en la Tablas 8 y 9.

Tabla 8 .Organización temporal del segundo trimestre.

2° TRIMESTRE/ CURSO 2013-2014	CONTINENTE Y MISIONES
Semana 1 (8-10 enero)	Oceanía: 1 virtual, 3 reales, 1 puesta en común
Semana 2 (13-17 enero)	Europa: 1 virtual, 3 reales, 1 puesta en común
Semana 3 (20-24 enero)	Europa: 1 virtual, 3 reales, 1 puesta en común
Semana 4 (27-30 enero)	Antártida: 1 virtual, 3 reales, 1 puesta en común
Semana 5 (3-7 febrero)	África: 1 virtual, 3 reales, 1 puesta en común
Semana 6 (10-14 febrero)	África: 1 virtual, 3 reales, 1 puesta en común
Semanas 7, 8 y 9 (17 febrero-7 marzo)	Aplicación de competencias

Fuente: Elaboración propia.

Tabla 9. Organización temporal del tercer trimestre.

3° TRIMESTRE/ CURSO 2013-2014	CONTINENTE Y MISIONES
Semana 1 (8-10 enero)	Asia: 1 virtual, 3 reales, 1 puesta en común
Semana 2 (13-17 enero)	Asia: 1 virtual, 3 reales, 1 puesta en común
Semana 3 (20-24 enero)	América norte: 1 virtual, 3 reales, 1 puesta en común
Semana 4 (27-30 enero)	América centro: 1 virtual, 3 reales, 1 puesta en común
Semana 5 (3-7 febrero)	América sur: 1 virtual, 3 reales, 1 puesta en común
Semana 6 (10-14 febrero)	Polo norte: 1 virtual, 3 reales, 1 puesta en común
Semanas 7, 8 y 9 (17 febrero-7 marzo)	Aplicación de competencias

Fuente: Elaboración propia.

En cuanto a la organización espacial, la mayor parte de las misiones reales se realizarán en el aula habitual, aunque en ocasiones se utilizará el patio, el pabellón polideportivo y puntualmente se realizarán excursiones para cambiar de contexto. En el aula de informática se realizarán sólo las misiones virtuales (sólo hay una por semana debido a que es una sala compartida por todo el colegio) y las misiones especiales tendrán lugar bien en el aula, bien en un entorno externo al colegio, con los papás y fuera del horario de clase.

Teniendo en cuenta que los niños de 5 años necesitan actividades manipulativas y que sólo se podía acceder al aula de informática una vez por semana, el proyecto se ha diseñado combinando entorno virtual y entorno real para utilizar lo mejor de cada uno de ellos. Además, con las misiones especiales, las excursiones ocasionales y la realización del escenario del juego durante las 3 últimas semanas de cada trimestre, se intentará que el alumno tenga el máximo número posible de contextos en los que aplicar los contenidos aprendidos.

Las misiones virtuales se realizarán en el aula de informática y de forma individual, ya que consta de 30 puestos. Estas serán diseñadas específicamente por el maestro con los programas Jclic y Hot Potatoes, que deberán estar instalados en cada uno de los ordenadores. Con ellas se pretende principalmente que el alumno utilice el ordenador como instrumento para favorecer el acercamiento a actividades lógico-matemáticas.

Las misiones reales se realizarán en el aula habitual, patio, polideportivo o excursiones. Estarán relacionadas con actividades de equipo en los que participan todos los miembros, actividades de equipo en los que sólo participa un miembro de cada equipo (que será diferente e irá rotando en cada misión de este tipo) o actividades individuales.

Las misiones especiales serán de dos tipos y las introducirá el maestro según la necesidad. Pueden ser misiones rápidas que se realicen en el colegio después de una misión normal (será importante el factor tiempo), o misiones externas que se encomienden a todos los alumnos para realizar fuera del colegio (por ejemplo, hacer la lista de la compra con los papás, ir al mercado con ellos y pagar, escribir una receta de cocina, buscar algún contenido en internet, etc.).

En el Anexo III se especifican algunos ejemplos de misiones que se podrían llevar a cabo.

IV. Conclusiones

Conclusiones

La *gamificación* se plantea como una herramienta más de la que disponen los docentes, que requiere trabajo de análisis y de diseño y que es un proceso continuo, ya que gracias a la información que se obtiene de los alumnos cuando están inmersos en el proceso de aprendizaje, se pueden detectar errores y corregirlos.

También es muy importante que todo sea coherente. Que se tenga claro las necesidades, los objetivos, las actuaciones que queremos que se lleven a cabo, qué emociones queremos conseguir con ellas, qué mecanismos se van a utilizar para el proceso y que todo esté bien hilado mediante una historia motivadora y teniendo en cuenta los conocimientos previos y el nivel de nuestros alumnos.

A través de los diferentes casos de éxito de aplicación de la *gamificación* en contextos de no-juego, se muestra que es una opción eficaz para aumentar la motivación de los alumnos, que por otra parte, está relacionada con un mayor éxito en la consecución de objetivos por parte de los mismos.

La etapa de educación infantil es crucial para trabajar lo que una persona será en el futuro, y también es un periodo en el que se suele usar el juego como medio para este aprendizaje. A través de la *gamificación* se puede potenciar al máximo esta confluencia juego-infancia para obtener mejores resultados.

En la sociedad actual la tecnología está en todas partes. Los niños manejan *tablets* o teléfonos móviles desde muy temprana edad, y es una contradicción que no se integre este tipo de herramientas en las aulas. Además, para que el aprendizaje sea significativo, tiene que estar contextualizado, y el contexto actual son las nuevas tecnologías, las redes sociales, las aplicaciones, etc.

A diferencia del uso exclusivo de juegos serios o videojuegos y aplicaciones de cualquier tipo, la *gamificación* no necesita un soporte tecnológico para llevarse a cabo, es una posibilidad pero no es necesario. Esto cubre la falta de TICs (Tecnologías de la Información y la Comunicación) en las aulas, ya que con un poco de imaginación, se pueden desarrollar todos los elementos y mecánicas de los juegos de forma física en el aula de educación infantil.

La aplicación del caso práctico a la clase concreta para la que se diseñó, obtuvo mejores resultados que durante el primer trimestre con el método tradicional. Aumentó la motivación, el compañerismo, y los alumnos fueron capaces de aplicar los contenidos aprendidos en cualquier otro contexto en el que se le realizaban preguntas, lo que demostró que la *gamificación* es una buena herramienta para el desarrollo lógico-matemático en Educación Infantil.

Bibliografía

Rerencias Bibliográficas

ÁLVAREZ, M.P., ANGUIANO, J., BENEDÍ, J., BEY, A., BISBAL, J., BOLUMAR, R., et al. (2012). *Gamificación. El negocio de la diversion.* España: Centro de Innovación BBVA. Recuperado de https://www.centrodeinnovacionbbva.com/sites/default/files/content-legacy/documentos/pdfs/gamification_spanish.pdf

BARTLE, R. (1996). Hearts, clubs, diamonds, spades: players who suit MUDs. Journal of Virtual Environments. Recuperado de http://www.brandeis.edu/pubs/jove/HTML/v1/bartle.html

BASSEDAS, E., HUGUE, T., y SOLÉ, I. (2006). *Aprender y enseñar en educación infantil.* Barcelona: Editorial GRAÓ.

BERGERON, B. (2006). "Developing Serious Games". *Journal of Magnetic Resonance Imaging,* 34, p. 480. Charles River Media, Inc.

BIEHLER, R.F. y SNOWMAN, J. (1986). *Psychology applied to teaching.* Boston: Houghton Mifflin.

COOK, W. (2013). "Training Today: 5 Gamification Pitfalls". *Training Magazine.* Recuperado de: http://www.trainingmag.com/content/training-today-5- gamification-pitfall

CSIKSZENTMIHAILYI, M., (1975). *Beyond boredom and anxiety.* San Fancisco: Jossey-Bass.

GARTNER, CH., GARTNER, L. (2011). *Gartner's 2011 Hype Cycle Special Report Evaluates the Maturity of 1,900 Technologie.*Gartner, Inc. and/or its Affiliates. Stamford. Recuperado de http://www.gartner.com/newsroom/id/1763814

GARTNER, CH., GARTNER, R. (2012). *Gartner's 2012 Hype Cycle for Emerging Technologies Identifies Tipping Point Technologies Tat Will Unlock Long-Awaited Technology Scenarios.* Gartner, Inc. and/or its Affiliates. Stamford. Recuperado de http://www.gartner.com/newsroom/id/2124315

GARTNER, J., GARTNER, R. (2013). *Gartner's 2013 Hype Cycle for Emerging Technologies Maps Out Evolving Relationship Between Humans and Machines.* Gartner, Inc. and/or its Affiliates. Stamford. Recuperado de http://www.gartner.com/newsroom/id/2575515

GARTNER, J., GARTNER, R. (2014). *Gartner's 2014 Hype Cycle for Emerging Technologies Maps the Journey to Digital Business.* Gartner, Inc. and/or its Affiliates. Stamford. Recuperado de http://www.gartner.com/newsroom/id/2819918

GARVEY, C. (1985). *El juego infantil.* Madrid: Ediciones Morata.

GREENFIELD, P.M., SUBRAHMANYAM, K. (1994): "Effect of video game practice on spatial skills in girls and boys". *Journal of Applied Developmental Psychology* 15. Enero/Marzo: 13-32.

KAPP, K.M. (2012). *The gamification of learning and instruction. Game-based methods and strategies for training and education.* San Francisco: Pfeiffer.

KAPP, K.M., BLAIR, L. y MESCH, R. (2012). *The gamification of learning and instruction. Fieldbook. Ideas into Practice.* San Francisco: Pfeiffer.

LOCKE, E. A. (1991). "The motivation sequence, the motivation Hub, and the motivation core". *Organizational behavior and human decision processes*, 2. Febrero: 288-299.

LONG, S. M., LONG, W.H. (1984). "Rethinking Video Games". *TheFuturist*. Diciembre: 35-37.

MARCZEWSKI, A. (2014). *"Gamification: The users perspective"*. Gamasutra. The Art & Business of Making Games. 09/02/14. Recuperado de http://www.gamasutra.com/blogs/AndrzejMarczewski/20140902/224644/Gamification_The_users_perspective.php

MARCZEWSKI, A. (2015). "47 Gamification elements, mechanics and ideas". Gamified UK. 02/04/2015. Recuperado de http://www.gamified.uk/2015/02/04/47-gamification-elements-mechanics-and-ideas/

MARÍN, I., HIERRO, E. (2013). *Gamificación. El poder del juego en la gestión empresarial y la conexión con los clientes.* Barcelona: Ediciones Urano.

McGONIGAL, J. (2011). *Reality is broken: why games make us better and how they can change the world.* Nueva York: Penguin Press.

MICHAEL, D. R. y CHEN, S. (2006). "Serious games: Games that educate, train, and inform". *Education* , p. 324. Muska&Lipman/Premier-Trade.

MONFORT, M. y JUÁREZ, A. (2010). "El niño que habla. El lenguaje oral en el preescolar". Madrid: Editorial CEPE.

PRIETO, A. (2012). "La pirámide del aprendizaje". *Revista E-innova*, 27. Noviembre. Recuperado de http://biblioteca.ucm.es/revcul/e-learning-innova/numeros/27.php

RAMÍREZ, J.L. (2014). *Gamificación. Mecánicas de juegos en tu vida personal y profesional.* Madrid: SCLibro.

RYAN, R.M., RIGBY, C.S., y PRZYBYLSKI, A. (2006). *"The Motivational pull of videogames: A self-determination theory approach".* *Motivation and Emotion,* 30. Diciembre: 344-360.

SELVA, D. (2009). "El videojuego como herramienta de comunicación publicitaria: una aproximación al concepto de *advergaming*". *Comunicación,* 7, 141-166.

WU, M., (2011). "What is gamification, Really?". Science of Social blog. 08/29/2011. Recuperado de https://community.lithium.com/t5/Science-of-Social-blog/What-is-Gamification-Really/ba-p/30447

Anexos

ANEXO I

Tabla 10. Elementos generales de los juegos adecuados para todos los jugadores.

TIPO	ELEMENTO	DESCRIPCIÓN
GENERAL	Tutoriales	Pequeña introducción que ofrece el sistema sobre cómo funciona todo. Ya no se usan manuales.
	Señalización	Poste indicador de las próximas acciones que se ofrece como ayuda a la siguiente etapa. Da pistas a los usuarios que están atascados.
	Aversión a las pérdidas	Evita que se pierdan puntos, amigos, estatus, logros, progresos, etc. Puede ser una buena razón para que la gente haga cosas.
	Progreso/Realimentación	Todos los tipos de usuarios necesitan algún tipo de medida de cómo van avanzando, como las barras de progreso.
	Tema o materia	Vincular la *gamificación* con la narrativa. Puede ser cualquier cosa, los valores de la empresa, hombres lobo, zombies etc.
	Narrativa	Base argumental del juego. Se cuenta una historia y se deja que la gente participe en ella.
	Caja del misterio	La curiosidad es una fuerza muy poderosa y dejando cajas sorpresa se puede animar a la gente.
	Duración	Reducir la cantidad de tiempo que se tiene para hacer las cosas, puede enfocar a las personas en el problema y hacer que tengan que tomar decisiones.

Fuente: Marczewski, A. (2015). Gamification elements, mechanics and ideas.

Tabla 11. Elementos horarios de los juegos adecuados para todos los jugadores.

TIPO	ELEMENTO	DESCRIPCIÓN
HORARIO	Recompensas al azar	Sorprender a la gente con premios inesperados, sirve para mantener el estado de alerta.
	Recompensa fija	Es el pago que se da por realizar una acción definida. Primera actividad, subir de nivel o la progresión. Es útil para empezar y para celebrar acontecimientos importantes.
	Tiempo de recompensas dependientes	Son pagos que se da para eventos específicos como cumpleaños, o que sólo están disponibles durante un periodo de tiempo como volver a jugar cada día. Los usuarios tienen que estar presentes para poder beneficiarse de ellos.

Tabla 12. Elementos de los juegos adecuados para jugadores tipo socializadores.

TIPO	ELEMENTO	DESCRIPCIÓN
SOCIALIZADORES	Gremios	Construcción de alianzas o equipos muy unidos. Los grupos pequeños pueden ser mucho más eficaces que los grandes.
	Redes sociales	Permiten que la gente esté conectada a través de internet. Puede ser más divertido jugar con otras personas que jugar sólo.
	Posición social	Es el estatus que se tiene. Puede dar una mayor visibilidad al usuario y crear nuevas oportunidades para relacionarse. Se consigue con el uso de mecánicas de realimentación, como tablas de clasificación y certificados.
	Descubrimiento social	Es una forma de encontrar personas, esencial para la construcción de nuevas relaciones. La coincidencia de personas basada en los intereses comunes y en el estatus, puede ayudar al usuario que acaba de empezar.
	Presión social	A la gente normalmente no le gusta sentirse diferente, lo que puede empujarles a ser como sus amigos. Esto puede desmotivar si las expectativas no son realistas.
	Competitividad	La rivalidad da a la gente la oportunidad de probarse a sí mismos contra otros. Puede ser una manera de ganar recompensas o una forma de conseguir nuevas amistades.

Fuente: Marczewski, A. (2015).

Tabla 13. Elementos de los juegos adecuados para jugadores tipo espíritu libre.

TIPO	ELEMENTO	DESCRIPCIÓN
ESPÍRITU LIBRE	Exploración	Permite que los jugadores de espíritu libre puedan moverse e investigar el entorno. Este tipo de jugadores querrá encontrar los límites del mundo que se ha creado, así que hay que darles cosas para encontrar.
	Mapa de ruta	Diferentes caminos que permiten al usuario elegir su destino. La elección tiene que ser significativa para que sea más eficaz, más valorada.
	Huevos de pascua	Son una forma divertida para recompensar y sorprender a la gente. Son premios que están en el escenario escondidos. Cuanto más difícil sea encontrarlos, más emocionante será.
	Desbloqueable	Consiste en ofrecer contenidos raros o en los que tengan que descifrar algo para poder acceder a ellos. Se puede enlazar con los huevos de pascua, la exploración y el logro.
	Herramientas para la creatividad.	Instrumentos que permite crear contenidos propios y expresarse. Puede ser para beneficio personal, por placer o para ayudar a otras personas.
	Personalización	Herramientas para individualizar la experiencia. Los avatares son una buena opción, ya que permiten elegir cómo se presentarán ante los demás.

Fuente: Marczewski, A. (2015).

Tabla 14. Elementos de los juegos adecuados para jugadores tipo triunfadores.

TIPO	ELEMENTO	DESCRIPCIÓN
TRIUNFADORES	Desafíos	Son retos que ayudan a mantener al usuario interesado comprobando su conocimiento y aplicándolo. Su superación hace que se sienta que ha ganado su logro.
	Certificados	A diferencia de las recompensas generales y de los trofeos, estos son un símbolo físico de la maestría el logro. Llevan sentido, estatus y son muy útiles.
	Aprender	La mejor manera de conseguir que los usuarios alcancen la maestría y el dominio es darles la oportunidad de aprender y ampliar su conocimiento, por ejemplo desarrollando nuevas habilidades.
	Misiones	Este tipo de tareas ofrecen al usuario una meta fija a lograr. Suele estar compuesta por una serie de desafíos vinculados, multiplicando la sensación de logro.
	Niveles/Progresión	Ver los diferentes escalones que se han superado al realizar las pruebas, permite ver la evolución del usuario, observar lo que ha conseguido y lo que le queda por conseguir.
	Jefe de batallas	Esta herramienta ofrece una oportunidad para consolidar todo lo que se ha aprendido y dominado, por ejemplo en un desafío épico. Por lo general señala el final del viaje y el comienzo de una nueva etapa.

Fuente: Marczewski, A. (2015).

Tabla 15. Elementos de los juegos adecuados para jugadores tipo filántropos.

TIPO	ELEMENTO	DESCRIPCIÓN
FILÁNTROPOS	Significado	Algunos usuarios necesitan comprender el propósito de lo que están haciendo, sentir que forman parte de algo más grande que ellos mismos.
	Cuidar	Ocuparse de otras personas puede ser muy gratificante. Se pueden crear funciones que permitan a los usuarios adoptar el papel de padre.
	Acceso	La opción de poder tener más funciones y capacidades en un sistema, puede dar a la gente más formas de ayudar a los demás, contribuir y hacer que se sientan más valorados.
	Intercambiar y coleccionar	A muchas personas les gusta recopilar cosas diferentes. Si se les ofrece una forma de cambiar objetos, se les puede ayudar a relacionarse.
	Regalar/Compartir	Dando cosas a los demás y compartiendo, se puede ayudar a otras personas a alcanzar sus metas. Además, es una forma de altruismo que puede ser un gran aliciente para algunos.
	Compartir conocimiento	Para algunos, ayudar a otras personas mediante el intercambio de conocimientos, es ya una recompensa en sí. Enseñando o ayudando a aumentar la capacidad de otra persona a responder preguntas son algunos de los modos de hacerlo.

Fuente: Marczewski, A. (2015).

Tabla 16. Elementos de los juegos adecuados para jugadores tipo perturbadores.

TIPO	ELEMENTO	DESCRIPCIÓN
PERTURBADORES	Plataforma de innovación	Este tipo de usuarios necesitan poder pensar fuera de los límites de su sistema. Hay que darles una forma de canalizar esto para que puedan crear grandes novedades.
	Voz y voto	Es necesario que los usuarios puedan opinar y hacerles saber que se les está escuchando. El cambio es mucho más fácil si todo el mundo puede dejar sus propuestas o comentarios en el mismo lugar.
	Anonimato	Si se desea fomentar la libertad y la inhibición total, se debe permitir que los usuarios puedan no mostrar su identidad. Si se es muy muy cuidadoso con el anonimato se puede sacar lo peor de la gente.
	Pincelada	Aunque hay que tener en cuenta las reglas, si se quiere promover un cambio se puede hacer de forma sutil, con pequeñas pinceladas. Se debe mantener alerta y escuchar las votaciones de los usuarios.
	Anarquía	A veces sólo hay que eliminar todo lo que hay y empezar de nuevo. Hay que sentarse, tirar el libro de reglas, hacer periodos cortos de "sin reglas" y ver qué pasa.

Fuente: Marczewski, A. (2015).

Tabla 17. Elementos de los juegos adecuados para jugadores tipo jugadores.

TIPO	ELEMENTO	DESCRIPCIÓN
JUGADORES	Puntos y puntos de experiencia	Ambas herramientas son mecánicas de realimentación. Sirven para seguir el progreso o usarlos para desbloquear nuevas cosas. El premio se basa en los logros o en el comportamiento deseado.
	Recompensas físicas y premios	Son elementos para favorecen la actividad y aumentar el compromiso si se usan bien. Hay que tener cuidado con priorizar la cantidad a la calidad.
	Tablas de clasificación y jerarquías	Hay diferentes tipos de tablas, pero las más comunes son la relativa y la absoluta. Suelen utilizarse para comparar a la gente y para que otros (no todos) los usuarios puedan verlo.
	Medallas	También son una forma de realimentación. Se les concede a los usuarios por sus logros. Se deben usar bien y de una forma significativa para que sean más apreciadas.
	Economía virtual	Esta herramienta permite a las personas gastar su dinero virtual en bienes reales o virtuales.
	Lotería y juego de azar	Son una manera de ganar recompensas con muy poco esfuerzo por parte del usuario. El usuario puede participa, pero tiene que tener suerte para ganarla.

Fuente: Marczewski, A. (2015).

ANEXO II

Figura 7. Programación General Anual del curso 2013-2014 del colegio Solynieve para el último curso de educación infantil

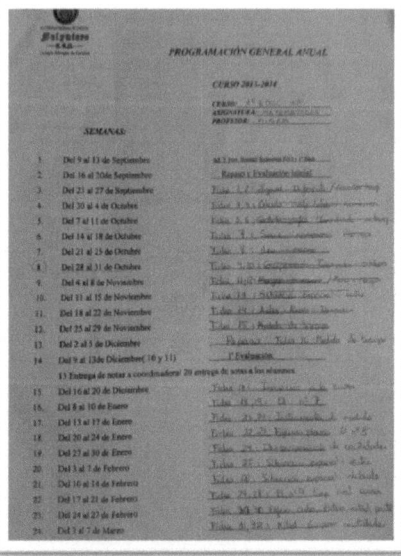

Fuente: Elaboración propia. Colegio Solynieve.

Figura 8. Horario de clase.

LUNES	MARTES	MIÉRCOLES	JUEVES	VIERNES
Lectoescritura	Inglés	Lectoescritura	Lectoescritura	Matemáticas
Lectoescritura	Tenis	Lectoescritura	Religión	Inglés
Recreo	Recreo	Recreo	Recreo	Recreo
Conversation	Matemáticas	Matemáticas	Matemáticas	Judo
Matemáticas	*Conversation*	Música	Inglés	Lectoescritura
Comida	Comida	Comida	Comida	Comida
Danza	Lectoescritura	Deporte	Psicomotricidad	Inglés
Conocimiento del medio	Religión	Inglés	Cono	Inglés

Fuente: Elaboración propia. Colegio Solynieve.

ANEXO III

Ejemplos de posibles misiones a realizar en el proyecto de gamificación.

"Misión de acceso a Oceanía"

Esta misión es virtual. Aparecerá una serie numérica del 1 al 6 desordenada. El jugador deberá colocarla arrastrando con el ratón los números y posicionándolos en el orden correcto. Prueba superada = 1 punto azul.

"Saltos de canguro"

Esta misión es virtual. Aparecerán en pantalla los números del 1 al 6 sin colorear y un canguro real (no dibujo). El jugador deberá saltar encima del número tantas veces como indique el mismo. Martinucho realizará un ejemplo antes de que el alumno empiece a jugar. El número se irá coloreando a medida que el jugador se acerque al número de saltos que debe dar. El reto lo realizarán todos los miembros del equipo, cada uno una tirada en el número que él elija. Prueba superada = 1 punto azul.

"En camello al Uluru"

Esta misión es virtual. El jugador deberá subirse en el camello y dirigirlo hacia el peñón Uluru por un camino de meandros (curvas) y por un laberinto de cúpulas. Se puede realizar mediante pantalla táctil utilizando el dedo para marcar el sendero, o utilizar el ratón del ordenador en caso de no disponer de pantalla táctil.

Variante. También puede llevarse a cabo mediante una ficha en clase o un mural en grupo. El maestro preparará un camino con paisaje, y los alumnos deberán mojar el dedo en témpera e ir marcando el camino que debe seguir el camello. Prueba superada = 1punto rojo.

"Almejas entre corales"

Esta misión es un juego de aula. El profesor dará a cada equipo una almeja gigante de un tamaño determinado, que deberá quedarse en un sitio fijo. En el centro del aula habrá un papel continuo simulando un arrecife de coral en el que habrá multitud de animales marinos mezclados con almejas de muchos tamaños. La misión de cada grupo será encontrar la almeja del tamaño que le hemos dado e intentar que verbalicen durante el juego si la almeja encontrada es mayor o menor que la que le hemos dado. Prueba superada = 1 punto rojo.

Variante. Se puede aumentar la dificultad poniéndose las gafas de *snorkel*. También se puede llevar a cabo de forma virtual. En este caso, se pueden utilizar los animales peligrosos como medusas o estrellas de mar para que te resten vida si te tocan mientras buscas la almeja gigante.

"Contando ovejas"

Esta misión es virtual. Aparecerán en pantalla varios rebaños (conjuntos) de ovejas del 1 al 6, y varios personajes que tendrán un número. El jugador deberá trazar una flecha con el ratón, que una cada cantidad con su grafía correspondiente.

Variante. Se puede realizar como juego de aula mediante una ficha. En un lado estarán los conjuntos con las ovejas, y en otro lado las grafías de los números. El jugador deberá trazar una línea con el lápiz, uniendo cada cantidad con su grafía correspondiente. Prueba superada = 1 punto azul.

"Sorteando geíseres"

Esta misión es un juego de aula. El maestro dibujará con tiza un camino que llevará desde el punto de partida del jugador hasta la "Puerta del Infierno". Los trazos del camino deberán realizarse en líneas rectas perpendiculares para que los jugadores trabajen la lateralidad y los conceptos izquierda-derecha, hacia adelante-hacia atrás. A lo largo del camino se colocarán géiseres (bien dibujando un círculo o bien colocando algún objeto) que los jugadores deberán sortear. El jugador que está realizando el recorrido deberá llevar los ojos tapados y el resto del equipo le dará las indicaciones.

Variante. Podría realizarse de forma virtual y que el alumno tuviese que realizar el camino guiando su personaje con el ratón del ordenador. Al principio de la misión cada jugador tendrá una cantidad de "vida", que irá disminuyendo si pisas los géiseres que echarán vapor de agua de verdad. En esta ocasión se jugará sin tapar los ojos, y será el ordenador el que te diga con sonido si vas a la izquierda o a la derecha, hacia adelante o hacia atrás cada vez que te mueves. Prueba superada = 1 punto verde.